多孔菌

豹斑鹅膏菌

鸡油菌

丝膜菌

万物的秘密 生命

千奇百怪的菌

〔法〕弗勒尔·道格 著

〔法〕埃米莉·梵沃森 绘

苏迪 译

牛肝菌

人民文学出版社
PEOPLE'S LITERATURE PUBLISHING HOUSE

豹斑鹅膏菌

牛肝菌

毒蝇鹅膏菌

鸡油菌

口蘑

丝膜菌

假脐菇

裸盖菇

橡树叶和松针下，生命破土而出。
你认识它们吗？——菌类！

它们既不是动物，也不是植物。
菌类统治着自己的世界：真菌王国。

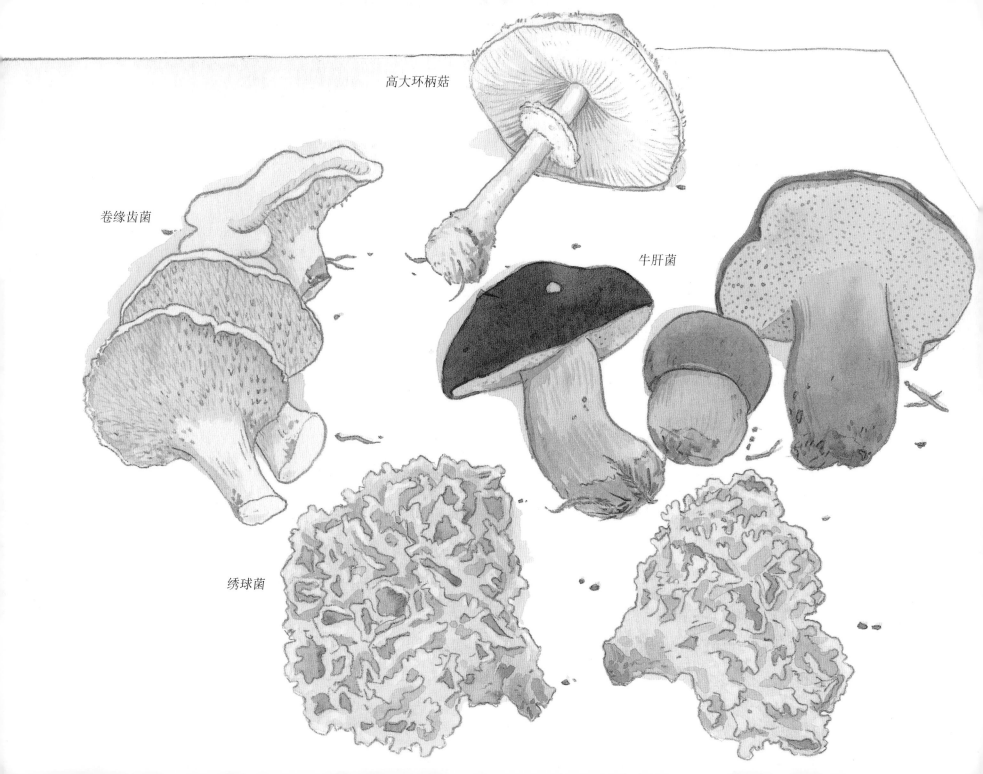

高大环柄菇

卷缘齿菌

牛肝菌

绣球菌

马勃

真菌王国幅员辽阔，统领着各种各样的菌。

酵母菌很小，必须用显微镜才能看到；马勃可以长到足球大小……

一些菌类的菌盖下，有针点状的空腔，比如牛肝菌；

一些菌盖带有菌褶，比如高大环柄菇；一些带有尖刺，比如卷缘齿菌。

这一团是什么东西？这是绣球菌。

许多菌类长相怪异。

红笼头菌会织网。

阿切氏笼头菌会假装海星。

红笼头菌

荧光小菇

荧光小菇会在夜里闪闪发光。

竹荪穿着花边裙。

霍氏粉褶菌像蓝精灵一样全身蓝色。

出血牙菌呢？太吓人了，它正在流血！

阿切氏笼头菌

出血牙菌

竹荪

霍氏粉褶菌

真菌王国就好像一座巨大的冰山，
大部分藏在水下，
只有小部分露出水面。

地面上的菌盖和菌柄不过是它们的生殖器官，
身体的大部分盘踞地下，被我们称为"菌丝体"。

菌盖

菌柄

菌丝体

菌丝

菌类没有茎，
没有叶，也没有根。

这些小细管被我们称为"菌丝"，
它们能够吸收水和矿物质，
并互相纠缠，
最终构成了菌丝体。

尽管难以置信，但是千真万确：
菌类更接近动物而不是植物。

只要有光，植物就可以自己做食物。
一缕阳光，在草叶上跳跃，
三叶草、玫瑰和绣线菊就立刻有了可供能量的糖分。

而菌类却要像动物，
从四周寻找食物。

羊肚菌

山雀寻觅种子，
猕猴采摘水果，
狐狸狩猎……
鸡油菌的菌丝体依靠消化树枝和树根成长。

鸡油菌

菌丝体不需要胃：
它会制造消化食物的酶，
咕噜一下，养分就吸收了！

菌类不但吃果实、树木和叶子，
还能消化死去的动物。
一些菌类甚至能在蚂蚁体内吃蚂蚁。

灰喇叭菌

小鸡油菌

树木和菌类互相依存。

菌丝体通过植入、包裹树根，与树相连：
树木会为它供给糖分；
作为交换，菌类会帮助树木更好地吸收水和矿物质。
没有这位邻居，树木就会口渴难耐！

牛肝菌

真菌也能帮助动物进食。
如果没有它们，
牛、长颈鹿和骆驼就无法消化草和树叶：
极小的菌类会在反刍动物的胃里分解植物，
将它们转化成动物身体所需的糖分。

切叶蚁还会在蚁穴中种植自己的菌类。
这些菌类食用工蚁带去的树叶，
长大后，它们将成为蚂蚁的食物。

平菇

高大环柄菇

一些菌类可以食用，另一些却不能！

鸡油菌和松露非常美味……

但要注意，

很多菌类有毒！

食用之前，我们必须确认它们的品种。

橙盖鹅膏菌

变绿红菇

灰喇叭菌

鸡油菌

羊肚菌

鸡腿菇

牛肝菌

四孢蘑菇

松乳菇

鬼笔鹅膏菌最危险，
我们可以从它的菌环和菌托分辨它们。
它的菌盖呈橄榄绿色，
有时也呈黄色或浅灰色。

阿切氏笼头菌

丝盖菌

橄榄杯菌

苦白口菇

鬼笔鹅膏菌

毒蝇鹅膏菌

白鬼笔

金黄枝珊瑚菌

魔鬼牛肝菌

白毒鹅膏菌

奥氏蜜环菌

世界上最大的菌类生长在美国。
这株奥氏蜜环菌的菌丝体延绵9.2公里，
它的占地面积相当于1000个足球场！
它诞生于2400年前，重达600吨，
这与它的昵称"超级蘑菇"十分相称！

菌丝体有时呈环状。

一旦菌盖冒出土，

就会在地面围出一个圈，人们称之为"巫婆圈"。

在中世纪，人们以为那里有仙女或巫婆跳过舞。

蘑菇

四孢蘑菇和毒蝇鹅膏菌繁殖迅速，
它们的菌褶能够释放成千上万个孢子。

孢子掉落后，会长出新的菌丝体。
当这个初级菌丝体遇到了来自另一个孢子的初级菌丝体，
它们就会融合成一个次级菌丝体。
如果土壤足够温暖、潮湿，次级菌丝体就会越长越大，
新的四孢蘑菇和毒蝇鹅膏菌就会破土而出。

毒蝇鹅膏菌

孢子

初级菌丝体

次级菌丝体

其他带有菌盖的菌类也是如此！

但是它们也可以通过更简单的菌丝体分裂来繁殖，

我们称之为"无性繁殖"。

在这种情况下，

"菌类儿子"会和它的"爸爸"长得一模一样。

只有少数几种菌类可以种植。
蘑菇长在混合了马粪的腐殖土上。
平菇和香菇长在树干上。

松露长在栎树四周的土里。
我们先在树根上涂抹菌丝体，然后耐心等待……
收获之前，我们至少要等13年！

经过特别训练的狗和猪能够识别松露的浓郁气味。
它们刨啊，挖啊……
哦，找到了一块！

松露

啧啧！太好吃了！
没有酵母菌和霉菌，就没有面包、奶酪、葡萄酒和啤酒！

酵母菌是一种能够吸收面粉中糖分的菌类，
然后产生酒精和二氧化碳。
二氧化碳会让面团鼓起，
烘焙面包时，酒精会挥发。

酵母菌也能将葡萄汁的糖分变成酒精，
这样葡萄汁就成了葡萄酒，大麦汁就成了啤酒。
它们还能生成香槟的气泡！

霉菌可以在奶酪中生长，
生成卡芒贝尔奶酪①的白色奶皮，让洛克福奶酪②变成蓝色。

① 法国标志性美食之一，原产于法国卡芒贝尔村。
② 世界三大蓝霉干酪之一，是羊奶制成的。

远古时代，菌类就被用来治病。
5000年前，冰人奥茨①来到了阿尔卑斯山，
我们发现他时，他已变成了木乃伊。

他的袋子里装着一种从桦树上剥下来的多孔菌，
用来敷伤口。

① 1991年，在阿尔卑斯山偶然发现了一具5000多年前的干尸。根据它被发现的地点，这个冰人被称为"奥兹"。

今天，医生治疗感染使用的
抗生素大多来自菌类。
比如，青霉素
就是从青霉菌中提炼的。

青霉菌

如果真菌不存在，地球就会大变样。
菌类能够吞噬、消化落叶和枯木，
使它们的养分被大自然循环利用。
没有它们，地球就会被落叶覆盖。

一些菌类还可以保护环境！
它们能够吸收渗入土壤的石油，
　　清除扔进海洋的塑料。

簇生黄韧伞

平菇

红菇

丝膜菌

口蘑

牛肝菌

紫蜡蘑

鳞伞

霉菌和酵母菌，骄傲的牛肝菌和小巧的鸡油菌，
它们有的藏匿在我们脚下的青苔中，
有的生长在树干上，无所不在……
无论外表怪异、华丽，还是相貌平平，它们都是真菌王国的超级英雄！

千奇百怪的菌

直到20世纪中叶，菌类仍被归为植物。但是电子显微镜出现后，基因研究证实，它们属于另一个范畴。

它们没有根、茎、叶，也没有叶绿素，菌类完全由菌丝体纤维构成。与植物不同，它们不会通过光合作用吸收养分，它们需要像动物一样寻找、消化它们的食物，因此它们不属于植物王国，它们是真菌。

从进化角度看，10亿年前，动物、植物和菌类就已分化。那时候还没有陆地生物，生命全都生活在水中。基因研究证实，动物和菌类拥有共同的祖先。因此相对于玫瑰，鸡油菌在基因上更接近老鼠。

真菌降解矿物质、植物、动物的能力，为土壤形成做出了贡献。没有它们，植物就无法像今天这样生长。

所有菌类都能无性繁殖。酵母菌通过出芽生殖。子代直接从酵母菌母体脱落，它们和母体长得一模一样，这是真正的克隆。霉菌和我们日常看到的所有其他菌类都可以通过无性方式繁殖。

它们也可以进行有性繁殖，但是真菌不分雌雄，只有正负极孢子。然而，由于这些孢子是通过细胞分裂而形成的，与动物的雌雄配子完全一样，所以这类基因混合完全能够证明它们的有性繁殖资格。相对于动物，菌类的性行为更为复杂。

一个单独的高级菌丝体就可以长出大量的生殖器官，像一个个戴着帽子的腿。这些像帽子一样的菌盖能够释放大量的孢子。孢子入土后，会萌发一个初级菌丝体。一旦两个初级菌丝体交错，就会融合成一个次级菌丝体。新的菌盖就会从这个次级菌丝体长出。这两个初级菌丝体有可能来自同一个菌盖释放的不同孢子，也可能来自同一个菌丝体长出的不同菌盖，甚至可能来自不同菌类长出的菌盖，这时情况就会变得更加复杂。

　　既能有性繁殖又能无性繁殖，绝对是一种超能力！

　　采摘菌类必须小心谨慎。如果缺乏真菌学专业知识和采摘经验，只是咨询鉴定人员，那并不足够。许多食用菌类和有毒菌类长得非常相似。确定菌类品种后，我们如何采摘？专家的意见也不一致。为了不伤害菌丝体，我们以前一直建议人们从下方切断菌柄。但最新研究发现，轻轻拔起菌类不会对菌丝体造成任何伤害。相反，如果切断菌柄，菌丝体可能会受到刺激。

　　无论采摘方法如何，总之，我们需要尊重菌类和它们生长的环境。

菌盖

菌褶

菌环

菌托

著作权合同登记：图字 01-2017-6238 号

Fleur Daugey, illustrated by Emilie Vanvolsem

Chapeau les champignons!

©Les Editions du Ricochet, 2016
Simplified Chinese copyright © Shanghai 99 Readers' Culture Co., Ltd. 2017
ALL RIGHTS RESERVED

图书在版编目 (CIP) 数据

千奇百怪的菌 /（法）弗勒尔·道格著；（法）埃米莉·梵沃森绘；苏迪译. —— 北京：人民文学出版社，2017（2021.11 重印）
（万物的秘密.生命）
ISBN 978-7-02-012866-2

Ⅰ.①千… Ⅱ.①弗…②埃…③苏… Ⅲ.①真菌 - 儿童读物 Ⅳ.① Q949.32-49

中国版本图书馆 CIP 数据核字（2017）第 110385 号

责任编辑　朱卫净　杨　芹
装帧设计　高静芳

出版发行　人民文学出版社
社　　址　北京市朝内大街 166 号
邮政编码　100705
印　　制　上海盛通时代印刷有限公司
经　　销　全国新华书店等
字　　数　9 千字
开　　本　850×1168 毫米　1/16
印　　张　2.5
版　　次　2018 年 1 月北京第 1 版
印　　次　2021 年 11 月第 3 次印刷
书　　号　978-7-02-012866-2
定　　价　32.00 元

如有印装质量问题，请与本社图书销售中心调换。电话：010-65233595